L'extraordinaire MACHINE DU CLIMAT

À la zone rouge.
Merci à Kahina et Lola.
C.G.B

À mes filles, Rose et Madeleine, et à cette jeune
génération éclairée qui aura de grands défis à relever.
Merci à Cécile, à Gilles et à mes parents.
M.M.R.

L'extraordinaire MACHINE DU CLIMAT

CÉCILE GUIBERT BRUSSEL et MARION MARCHAND RICHARD

Illustrations de VINCENT BERGIER

Actes Sud junior

Sommaire

MÉTÉO OU CLIMAT ? — p. 8

UNE HISTOIRE ACCÉLÉRÉE DU CLIMAT — p. 11
- Comment percer les mystères d'un passé très lointain ? — p. 12
- Les glaciations du Quaternaire — p. 14
- Grands froids et redoux au dernier millénaire — p. 15
- Un violent réchauffement climatique à l'époque moderne — p. 16

DANS LES ROUAGES DE LA MACHINE CLIMATIQUE — p. 19
- L'atmosphère, le manteau gazeux de la Terre — p. 20
- L'hydrosphère, l'eau dans tous ses états — p. 22
- La biosphère, la vie sur Terre — p. 24

L'ÉNERGIE SOLAIRE INDISPENSABLE AU SYSTÈME CLIMATIQUE — p. 27
- Le Soleil a rendez-vous avec la Terre — p. 28
- Atmosphère, du Soleil à la Terre, ça rayonne ! — p. 29
- Sans effet de serre, aucune vie sur Terre ? — p. 30

UN SYSTÈME CLIMATIQUE QUI A LA BOUGEOTTE ! — p. 33
- Quand les vents réchauffent les pôles — p. 34
- La circulation océanique, des courants froids et chauds — p. 36
- Le casse-tête de la classification des zones climatiques — p. 38

LES CHANGEMENTS CLIMATIQUES NATURELS — p. 41
    L'effet papillon, ou la variabilité interne — p. 42
    Des volcans au pouvoir refroidissant — p. 45
    L'influence des astres — p. 46

L'HOMME, RÉCENT PERTURBATEUR DU CLIMAT — p. 49
    Les gaz à effet de serre dans le collimateur de la planète — p. 50
    Les aérosols, itinéraire de petites particules — p. 52
    La couche d'ozone en voie de guérison ? — p. 54
    Les sols, une vie cachée à protéger — p. 56
    Il est temps d'agir ! — p. 58

QUELQUES IDÉES POUR RÉFLÉCHIR ET AGIR — p. 60

Météo ou climat ?
Quelques définitions pour commencer

Attention, climat et météo ne désignent pas la même chose et pourtant, on les confond souvent !

MÉTÉO : DIS-MOI COMMENT JE M'HABILLE DEMAIN !

La météo, ou météorologie, est l'étude de ce qui se passe dans l'atmosphère. C'est passionnant, car les conditions atmosphériques changent en permanence ! Pour les scientifiques spécialistes de la météo, les météorologues, il s'agit de comprendre les variations des phénomènes atmosphériques en étudiant le temps qu'il fait. Depuis leur centre d'observation, ils établissent des prévisions sur une dizaine de jours.

Le temps qu'il fait a une grande incidence sur notre vie quotidienne. Les curieux et les prévoyants jettent chaque jour un coup d'œil au bulletin météo : en prévision d'un matin pluvieux, les frileux s'équipent d'un ciré et attrapent le bus ; les jours printaniers où le pictogramme du soleil s'affiche, vêtus d'une robe ou d'un short, casquette sur la tête, les cyclistes pédalent jusqu'à l'école.

ET POUR LE TRAVAIL ?

Les bulletins météo s'avèrent également cruciaux pour les professionnels de l'agriculture, de l'aviation ou de la pêche. Les agriculteurs s'informent des risques de sécheresse ou de gel et décident en conséquence s'ils doivent arroser leurs champs ou protéger les plantations. Quant aux marins, ils consultent la météo marine, qui diffuse des bulletins de sécurité alertant des vents forts et de l'état de la mer.

LE MÉTÉOROLOGUE, MI-DEVIN, MI-SCIENTIFIQUE ?

Le météorologue étudie l'évolution de plusieurs facteurs, dont les principaux sont la température, le vent, les précipitations et la pression atmosphérique. La température mesure la chaleur ou le froid. Le vent, lui, correspond au mouvement de l'air dans l'atmosphère. Les précipitations se mesurent à la hauteur des eaux tombées à la surface de la Terre sous forme de pluie, de neige ou de grêle. Quant à la pression atmosphérique, c'est le poids de l'air mesuré sur un point précis à la surface de la Terre. En plus de tout ça, le météorologue anticipe les phénomènes extrêmes, tels que les cyclones, les tempêtes ou les canicules.

CLIMAT : DIS-MOI COMMENT JE M'HABILLERAI DANS 10 ANS !

Le climat, lui, s'appuie sur l'étude de la météo : c'est l'ensemble des phénomènes météorologiques, températures, précipitations, ensoleillement, vitesse des vents, caractéristiques d'un lieu donné sur une longue période. Le climat n'est donc pas le même en France qu'en Inde, par exemple. Et n'était pas le même en France à la préhistoire qu'en pleine Révolution française !
Le climat mondial se divise en cinq zones climatiques : deux zones polaires au climat froid, une zone intertropicale au climat chaud et deux zones tempérées au climat ni trop chaud ni trop froid. Chacune de ces zones comprend aussi des climats régionaux et même locaux.

QUI PRÉVOIT QUOI ?

Pour résumer : la météo, c'est le temps qu'il fait aujourd'hui et qu'il fera demain, tandis que le climat, c'est le temps qu'il fait habituellement sur une zone précise et sur une période d'au moins dix ans !

CHANGEMENT CLIMATIQUE, VRAIE OU FAKE NEWS ?

Canicule, ouragan, sécheresse, tempête, tsunami, inondation… ces phénomènes météorologiques extrêmes risquent probablement de se multiplier dans les années à venir. les catastrophes à la une de l'actualité font peur, et encore trop d'informations circulant sur le climat demeurent infondées et inexactes ! Par exemple, un événement météorologique isolé, comme une tempête, n'est pas révélateur d'un changement de climat. En revanche, plusieurs tempêtes se multipliant sur un certain nombre d'années sont l'indicateur d'un changement climatique.

Savoir comment fonctionne le système climatique permet à chacun d'entre nous d'appréhender avec lucidité les phénomènes météo isolés tout en comprenant mieux l'influence de l'homme sur le climat. C'est parti pour une plongée dans les entrailles de la Terre à travers les siècles !

Une histoire accélérée du

Les historiens, scientifiques, archéologues ou encore géographes n'ont cessé par leurs travaux de retracer l'histoire du climat depuis la création de la Terre jusqu'à maintenant.

Au fil du temps, le climat a évolué entre des périodes chaudes et des épisodes froids, parfois sur des temps longs et parfois sur des périodes très courtes, comme celle qu'on vit actuellement. Les équipes de chercheurs s'appuient sur des méthodes scientifiques précises de datation, mais aussi sur des recherches de documents d'époque, quand ils existent, pour les temps plus anciens.

Un vrai travail d'investigation, de déductions et d'hypothèses scientifiques pour retracer l'histoire du climat !

climat

Comment percer les mystères d'un passé très lointain ?

Avant l'invention du thermomètre et les premières mesures de température de l'air vers 1650, l'étude du climat passé reste un défi. Les climatologues pallient cette absence d'observations issues d'instruments en menant de véritables enquêtes. Ils étudient des sources écrites, des œuvres d'art ou pratiquent des prélèvements dans les milieux naturels pour traquer les empreintes laissées par le climat passé dans la nature. Les échantillons de calottes glaciaires, les grains de pollen enfouis dans les sédiments ou encore l'étude de la croissance des arbres sont utiles et révèlent parfois de grandes choses !

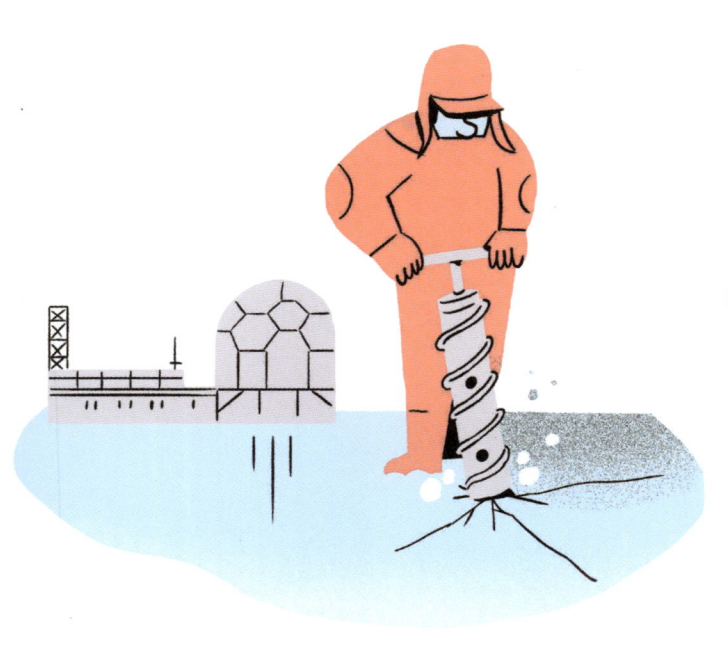

LA MÉMOIRE DES GLACIERS

Les prélèvements de glace sont appelés "carottes" à cause de leur forme conique. Celles-ci emprisonnent des bulles d'air, qui constituent des échantillons de l'atmosphère à une époque donnée. Elles renferment des cendres d'éruptions volcaniques, des grains de pollen, des embruns ou encore des polluants parfois vieux de plusieurs milliers d'années. En 2002, en Antarctique, des climatologues ont construit un forage sur la base de la station Dôme Concordia, dont la profondeur atteint 3 000 mètres sous la glace. La carotte extraite sur place retrace l'histoire des 700 000 dernières années. Utile !

LA MÉMOIRE DES VÉGÉTAUX

Depuis toujours, en période de reproduction, les végétaux dispersent du pollen.
À l'abri de l'air, ces grains se fossilisent dans des marécages ou dans les profondeurs des lacs. Leur observation au microscope permet de découvrir de quelle espèce végétale il s'agit : un coquelicot, un tilleul ou un chêne ? L'espèce en question témoigne d'un climat régional précis. Par exemple, des conifères et des pins signalent un climat sec et froid de montagne, alors que des oliviers sont plutôt spécifiques du climat méditerranéen.
L'analyse du pollen prélevé dans les sédiments dresse en général une carte assez précise des zones climatiques passées.

LA MÉMOIRE DES ARBRES

À mesure qu'il grandit, le diamètre du tronc d'un arbre s'élargit. Chaque année, l'arbre produit un anneau supplémentaire. Cet anneau de croissance est large les années chaudes et humides mais mince les années de sécheresse. Fascinant, n'est-ce pas ?
Afin de reconstituer des périodes climatiques, les scientifiques analysent des bois anciens, issus par exemple de cadres de tableaux, de poutres de maison, ou d'une épave de bateau. Ils commencent par dater l'âge des arbres en comptant les anneaux de croissance, puis en analysant l'épaisseur des anneaux pour déduire le climat auquel a été soumis l'arbre. Les informations recueillies reconstituent les périodes climatiques au fil du temps.

LES TRACES LAISSÉES PAR L'HOMME

Les œuvres d'art sont aussi des témoins précieux des conditions météorologiques ! Les paléoclimatologues exploitent ces documents pour en tirer des informations sur les paysages, les animaux ou les saisons représentés, et pour reconstituer des températures moyennes, des périodes de gel ou de grande sécheresse au fil de l'histoire. Impossible alors d'ignorer la période de froid intense que traverse l'Europe du XVIe siècle face à une toile du peintre flamand Bruegel : ses tableaux fourmillent d'enfants patinant sur des canaux gelés, de villages engloutis sous la neige et de paysans coupant du bois pour leurs cheminées. Les climatologues observent dans la peinture l'épaisseur du manteau neigeux, la taille des flocons de neige, ou encore la couleur du ciel dans la peinture.
Les sources écrites, comme les manuscrits, les lettres ou encore les registres de mairie, révèlent des événements du quotidien tels que l'arrivée des oiseaux au printemps, ou des dates de floraison selon les années. Si des archives rapportent des vendanges précoces, c'est le signe d'un été chaud !

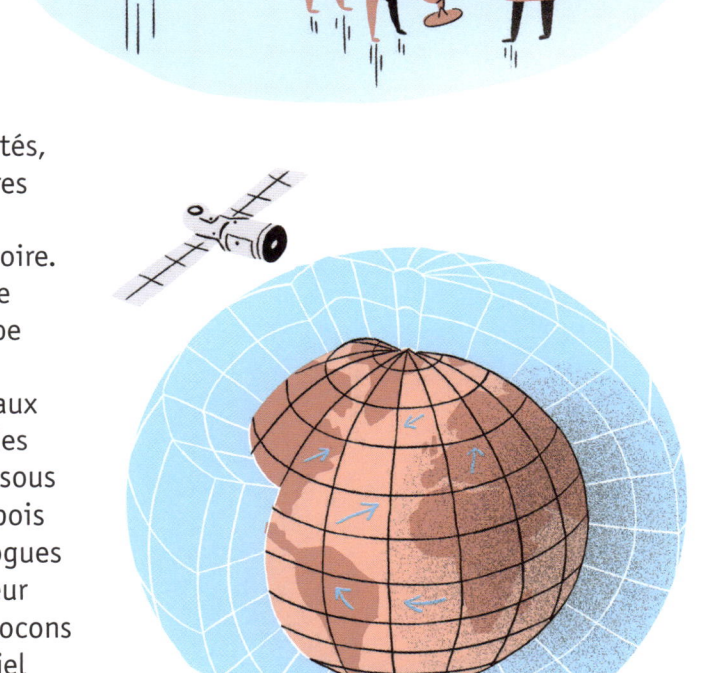

PRÉDIRE LE FUTUR ?

Depuis l'invention de l'ordinateur, les climatologues développent des programmes informatiques qui reproduisent le plus fidèlement possible le comportement du climat. Ce sont des modélisations 3D qui ressemblent un peu à un décor de jeu vidéo !

Les glaciations du Quaternaire

**Les scientifiques retracent l'histoire de la planète depuis sa formation il y a 4,6 milliards d'années en quatre ères sur l'échelle des temps géologiques : Primaire, Secondaire, Tertiaire et Quaternaire.
L'ère quaternaire a commencé il y a 2,6 millions d'années et s'étend jusqu'à aujourd'hui. C'est au cours de cette période que les Homo sapiens, nos ancêtres, sont apparus ! Le Quaternaire se caractérise par une succession d'épisodes froids, que l'on appelle glaciaires, et moins froids, interglaciaires.**

D'IMMENSES GLACIERS...

En période glaciaire, la température moyenne descend si bas que d'immenses glaciers recouvrent une grande partie du globe. Les hivers glacials s'éternisent. Le niveau des océans baisse à tel point que certaines terres émergent.
Il fut un temps où l'Angleterre devint accessible à pied depuis le continent !
Face à ce bouleversement environnemental brutal, des espèces végétales et animales disparaissent. La dernière glaciation de Würm s'est terminée il y a 12 000 ans.

... DU REDOUX...

Depuis 11 500 ans, nous vivons dans la seconde époque géologique du Quaternaire : l'Holocène. Nous traversons une période interglaciaire, où le climat sur Terre s'adoucit. Les calottes de la dernière période glaciaire fondent. Seules celles du Groenland et de l'Antarctique existent encore.

... ET L'APPARITION DE L'HOMO SAPIENS

Depuis l'apparition de la vie sur Terre il y a 3,5 milliards d'années, les espèces naissent, se développent puis disparaissent. Leur durée d'existence varie entre 1 et 10 millions d'années. Les disparitions massives correspondent à cinq grandes crises écologiques, comme celle liée à l'extinction des dinosaures.
Au Quaternaire, l'apparition de l'espèce humaine pourrait bien être à l'origine d'une sixième crise car l'activité humaine détruit de nombreuses espèces vivantes et réduit la biodiversité...

Grands froids et redoux au dernier millénaire

Depuis l'an 1000, l'évolution du climat est stable, les variations de température ne dépassent pas 0,5 °C à l'échelle planétaire. L'hémisphère nord de la Terre a cependant traversé deux périodes distinctes, l'une plutôt douce, l'Optimum médiéval, l'autre fort froide, le Petit Âge glaciaire.

ÇA FOND !

Entre le Xe et le XIVe siècle, l'Optimum médiéval s'accompagne de températures particulièrement clémentes dans l'hémisphère nord terrestre. Les mers se trouvent alors libres de glaces et navigables. C'est à cette époque, en 980, que les Vikings partent d'Islande pour de longues expéditions maritimes. Ils accostent au Canada et au Groenland, qu'ils colonisent sur les côtes occidentales.

ÇA CAILLE !

Le Petit Âge glaciaire débute au XIVe siècle, l'Europe connaît alors des vagues de froid intense. Les hivers neigeux, que l'on retrouve peints dans les tableaux de Bruegel notamment, se succèdent, anéantissant les récoltes. Vers 1700, les températures hivernales atteignent − 20 °C. Fait marquant : la mer de Glace, qui est le plus grand glacier du Mont-Blanc, connaît une avancée spectaculaire à cette époque, culbutant les villages, les troupeaux, et poussant les habitants à rejoindre la vallée de Chamonix pour éviter les avalanches. Cet épisode de froid se termine au milieu du XIXe siècle.

Un violent réchauffement climatique à l'époque moderne

Depuis la révolution industrielle au XXe siècle, les climatologues ont constaté une augmentation sans précédent des températures mondiales : plus de 1 °C en moins de 100 ans ! Ce réchauffement est à l'origine de changements climatiques modernes dont les premiers effets sont déjà visibles et ressentis.

L'OCÉAN MONTE

Au cours du XXe siècle, le niveau des mers s'est ainsi élevé de 20 centimètres, menaçant de submerger les îles et les zones côtières. Les mouvements de la mer érodent les rivages, emportant avec eux du sable et des roches. Ces pertes de terre obligent les populations à se déplacer et à quitter leur lieu d'habitation.

LA BANQUISE EN DANGER

En Arctique, les températures augmentent deux fois plus vite que sur le reste de la planète, ce qui accélère la fonte de la banquise arctique. En hiver, les températures dépassent parfois de 20 à 30 °C les normales saisonnières, passant de − 30 °C à des températures positives. En 2020, la banquise d'été s'est réduite à 3,74 millions de kilomètres carrés, la deuxième superficie la plus petite jamais enregistrée depuis 1979.

ÇA CHAUFFE À LA MONTAGNE !

Côté montagnes, le massif des Alpes est la région française qui se réchauffe le plus, prenant environ + 2 °C actuellement. À moyenne altitude, ce réchauffement augmente les épisodes de pluie et diminue la fréquence des chutes de neige. L'enneigement diminue ainsi progressivement. Pire, de fréquents redoux pluvieux altèrent le manteau neigeux hivernal, ce qui amplifie les risques d'avalanche.

MACHINE INFERNALE ?

Le réchauffement climatique est scientifiquement prouvé, mais une question anime encore et toujours les débats d'opinion : le changement climatique moderne est-il d'origine naturelle ou humaine ? Ou même des deux ? Peut-on encore l'éviter ? Afin de réfléchir, participer à ce débat et même contrer les arguments des climato-sceptiques, plongeons dans le fonctionnement de la grande machine climatique…

Dans les rouages de la machine

La planète Terre est composée de l'atmosphère, de l'hydrosphère et de la biosphère.
Ces trois grandes enveloppes communiquent sans cesse entre elles et dépendent fortement les unes des autres.

Pour comprendre le fonctionnement du climat, il faut donc s'enfoncer au cœur de l'atmosphère, de l'hydrosphère puis de la biosphère !

climatique

L'atmosphère, le manteau gazeux de la Terre

L'atmosphère est une enveloppe de gaz qui entoure les planètes de notre système solaire. Seules Mercure et Pluton en sont dépourvues !

L'AIR, CE N'EST PAS DU VIDE

Si l'air est invisible, incolore et inodore, ce n'est pourtant pas du vide, mais bien de la matière ! En effet, l'atmosphère terrestre est constituée d'un mélange de gaz, principalement de l'azote et de l'oxygène. D'autres gaz, comme l'ozone, le dioxyde de carbone ou encore la vapeur d'eau, sont présents, mais en plus petite quantité. Ils jouent cependant un rôle essentiel au maintien de la vie sur Terre et dans le système climatique. De fines particules, les aérosols, se trouvent aussi en suspension dans l'atmosphère.

DE L'AIR À TOUS LES ÉTAGES

L'enveloppe gazeuse de l'atmosphère est maintenue autour de la planète par la force gravitationnelle, celle qui maintient les hommes sur la Terre. Les molécules de gaz atmosphériques, retenues par la gravité, se concentrent près du sol. L'atmosphère terrestre mesure 600 kilomètres : c'est très peu par rapport au rayon du globe qui mesure, lui, 6 500 kilomètres ! Elle est constituée de cinq couches caractérisées par leur température.

L'AIR QUE L'ON RESPIRE

La première couche, la troposphère, contient l'air que l'on respire. Son épaisseur varie de 8 kilomètres au-dessus des régions polaires à 13 kilomètres au-dessus de l'équateur. Dans la troposphère, la température baisse avec l'altitude. Les alpinistes en font l'expérience : quand ils gravissent un sommet, le froid est de plus en plus glacial à mesure que l'altitude augmente. C'est aussi dans cette couche que volent les avions, jusqu'à 10 kilomètres au-dessus de la Terre.

COUCHE DE PROTECTION

Vient ensuite la stratosphère, qui se situe entre 10 et 50 kilomètres d'altitude. C'est là que l'on trouve la couche d'ozone, concentré vers 25 kilomètres d'altitude. Cette couche protège les êtres humains et tous les organismes vivants, en absorbant des rayons ultraviolets du Soleil, nocifs pour la vie sur Terre. Contrairement à ce qui se passe dans la troposphère, la température augmente avec l'altitude pour atteindre 0 °C à son sommet.

ALERTE GRAND FROID

La mésosphère est quant à elle la couche la plus froide de l'atmosphère terrestre. Dans cette partie comprise entre 50 et 80 kilomètres d'altitude, la température baisse jusqu'à – 100 °C. Les météorites, surnommées étoiles filantes, brûlent en pénétrant dans cette couche.

VAISSEAUX SPATIAUX ET SATELLITES

Enfin, la thermosphère se situe entre 80 et 600 kilomètres et l'exosphère s'étend jusqu'à 10 000 kilomètres, altitudes où gravitent les satellites et les vaisseaux spatiaux. La Station spatiale internationale, où l'astronaute Thomas Pesquet fut envoyé en mission entre 2016 et 2017, est placée en orbite à 400 kilomètres au-dessus de nos têtes. Ici, la température augmente avec l'altitude jusqu'à atteindre parfois plus de 1 000 °C !

UNE PETITE PHOTO ?

L'étude de l'atmosphère passe par des outils ultrasophistiqués ; depuis l'espace, des satellites météorologiques captent des vues d'ensemble de ce qui se passe dans l'atmosphère. Le satellite Météosat, par exemple, est en orbite géostationnaire à 36 000 kilomètres. Il évolue à la même vitesse que la Terre et envoie une image complète d'une zone précise de la planète toutes les quinze minutes. Il est ainsi capable de fournir des informations sur les tempêtes, les nuages, les brouillards, les vents ou encore les cendres volcaniques. À 817 kilomètres d'altitude, le satellite MetOp fait le tour du globe en passant par les pôles. Plus proche de la Terre, il fournit des vues détaillées de l'atmosphère, des océans et des terres émergées. Ses instruments mesurent les paramètres atmosphériques, dont les gaz à effet de serre ou les températures.

L'hydrosphère, l'eau dans tous ses états

La totalité des eaux sur notre planète constitue l'hydrosphère.
La Terre est la seule planète connue où l'eau se trouve sous ses trois états :
liquide, gazeux et solide.
À l'état liquide, l'eau est présente dans les océans, les rivières, les mers,
les lacs, les cours d'eau, la pluie ainsi que dans les nappes souterraines.
Les cinq océans, le Pacifique, l'Atlantique, l'Indien, l'Austral et l'Arctique,
recouvrent près des deux tiers de la surface du globe.
Ainsi, quand en 1972, les astronautes de la mission Apollo 17
réalisent la première photographie de la Terre vue
de l'espace, ils la baptisent "la Bille bleue" !

PLANÈTE BLEUE OU PLANÈTE BLANCHE ?

À l'état solide, l'eau se trouve dans les glaciers, le givre,
la glace et la neige. Elle constitue la cryosphère, qui
est la plus grande réserve d'eau douce de la planète.
À l'état gazeux, l'eau demeure dans
la vapeur d'eau de l'atmosphère.
L'eau circule entre l'atmosphère,
les océans, les glaciers et les eaux
terrestres, si bien que depuis
4,5 milliards d'années, la quantité d'eau
sur Terre n'a pas varié ! Ce mouvement
perpétuel forme le cycle de l'eau.

VOYAGE AUTOUR DE LA TERRE

Le cycle de l'eau n'a pas de point de départ,
c'est un circuit fermé. Il fonctionne avec un moteur, le Soleil,
qui maintient l'eau en mouvement.
Démarrons dans l'océan : chauffées par le Soleil, les gouttes
à la surface des océans s'évaporent dans l'air. L'eau passe alors
de l'état liquide à gazeux et devient de la vapeur d'eau.
Les courants d'air l'entraînent dans la troposphère où,
poussée par les vents, elle voyage une dizaine de jours.
Entre 6 et 18 kilomètres d'altitude, la température de l'air devient
si froide qu'elle provoque la condensation de la vapeur d'eau
en fines gouttelettes. Ces dernières forment des nuages,
qui se déplacent sous l'impulsion des vents. Les gouttes d'eau
qui constituent les nuages grossissent, jusqu'à devenir trop lourdes,
et, par effet de gravité, tombent sur le sol sous forme de pluie.
Si la température est en dessous de 0 °C, la vapeur d'eau se transforme en neige.
Une fois au sol, la neige s'accumule parfois pour former les calottes glaciaires
polaires et les glaciers de montagnes. La majorité des précipitations, pluie ou neige,
tombent dans les océans et seuls 20 % retombent sur terre.
Là, une partie de l'eau s'infiltre alors dans les nappes phréatiques, des réservoirs
d'eau souterrains peu profonds, jusqu'à croiser une source et réapparaître
à la surface. L'autre grande partie de l'eau de pluie, comme celle de la fonte
des neiges, ruisselle à travers les torrents, rivières, fleuves avant de retourner
dans la mer.

OCÉANOGRAPHES, LES SCIENTIFIQUES DE LA MER

Les océanographes sont les scientifiques qui étudient le fonctionnement des océans et des mers. En France, l'Ifremer coordonne les campagnes scientifiques sur le climat, grâce à une flotte de navires parcourant toutes les mers du monde.
Certains sont équipés d'engins sous-marins de pointe, comme la "bathysonde", capable de descendre jusqu'à 6 000 mètres de profondeur pour récolter des échantillons d'eau de mer. L'Ifremer s'appuie aussi sur les données récoltées par 3 800 bouées et flotteurs parsemés sur l'océan mondial.

À BORD D'UN NAVIRE OCÉANOGRAPHIQUE

Actuellement, à bord du navire *Marion Dufresne 2*, des scientifiques s'intéressent à l'histoire climatique passée de l'océan Austral. Cet océan, qui encercle le continent antarctique, est le plus grand réservoir de dioxyde de carbone (CO_2) de la planète, mais il est si difficile d'accès qu'il est parmi les moins étudiés.
En 2020, l'équipe a prélevé des carottes de sédiments marins à des profondeurs de 1 000 à 4 600 mètres. Grâce à eux, les océanographes reconstruisent les évolutions des températures océaniques, la position et l'intensité du courant marin en remontant jusqu'à 1,5 million d'années. Une première !

La biosphère, la vie sur Terre

La biosphère est l'enveloppe vivante de notre planète, le tissu vivant de la Terre. Elle comprend la faune et la flore, leurs relations et le milieu dans lequel elles vivent. Autant de millions d'espèces, d'arbres, de plantes, de champignons, d'animaux, d'êtres humains ou encore de micro-organismes, mais aussi de milieux de vie distincts, au climat spécifique selon les régions ! La biosphère interagit avec le Soleil et participe à maintenir des conditions favorables à la vie. Résultat, ce gigantesque système est sans cesse dans une dynamique de transformation, de stockage, d'échange d'énergie et de matière, ainsi que de recyclage. C'est le cas par exemple pour le carbone.

NOUS SOMMES TOUS FAITS DE CARBONE

L'atome de carbone est présent dans l'atmosphère, l'hydrosphère, la biosphère mais aussi dans la lithosphère qui est la surface rigide qui recouvre la Terre. Il circule parmi les océans, l'air, les végétaux, les animaux et les organismes vivants. Eh oui, les êtres vivants aussi sont constitués de carbone ! Comme l'eau, le carbone est en quantité finie sur Terre et forme un cycle indispensable à la vie, qui se répète indéfiniment.

ITINÉRAIRE D'UN ATOME DE CARBONE : DANS LES PROFONDEURS DE LA TERRE…

Le carbone est emprisonné dans les profondeurs de la Terre pendant plusieurs millions d'années sous forme d'énergie fossile, comme le charbon ou le pétrole. Et comme ce dernier, les sociétés pétrolières l'extraient du sol grâce à de profonds puits de forage.

... EN PASSANT PAR L'INDUSTRIE...

Transformé dans des raffineries, les industriels l'utilisent ensuite dans la fabrication de plastique, comme combustible ou encore comme carburant pour voitures. Le carbone est principalement rejeté sous forme gazeuse dans l'air, par exemple sur les routes, depuis le pot d'échappement des véhicules. Devenu du dioxyde de carbone, aussi appelé gaz carbonique (le CO_2), il est transporté par les vents et circule librement dans l'atmosphère.

... JUSQUE DANS L'OCÉAN !

Une partie de ce CO_2 est ensuite absorbée par les eaux océaniques : les courants marins l'entraînent à leur tour dans les profondeurs pour un long périple autour de la planète. Alors, il s'accumule sur le plancher océanique, se sédimente en roches sous-marines et mettra plusieurs millions d'années à devenir un combustible fossile, du pétrole ou du charbon. Retour à la case départ ! C'est le cycle long du carbone.

ITINÉRAIRE BIS : UN DÉTOUR PAR LES VÉGÉTAUX

Une autre partie du gaz carbonique est prélevée par les végétaux. Les plantes, les algues et les phytoplanctons captent ce CO_2 dans l'air pour grandir, grâce au phénomène de la photosynthèse. En se nourrissant de végétaux, les animaux ingèrent à leur tour le carbone indispensable à la fabrication des tissus vivants. Puis, à chaque expiration, ils rejettent le CO_2 dans l'air. Photosynthèse et respiration, c'est le cycle court du carbone.

L'énergie solaire indispensable au

Le système climatique est une machine qui fonctionne à l'énergie solaire !

Le Soleil est l'étoile la plus proche de la Terre. Gigantesque boule de feu, il est l'unique source de chaleur apportée à notre planète et influe sur l'atmosphère, l'hydrosphère et la biosphère, mais aussi sur de nombreux facteurs météo.

système climatique

Le Soleil a rendez-vous avec la Terre

Les rouages de l'énorme machine climatique ne fonctionneraient pas sans un puissant moteur : le Soleil !

LE ROI SOLEIL

Les rayons lumineux du Soleil suffisent à fournir la source d'énergie qui nourrit la Terre. Et les rayons sont rapides : la lumière du Soleil met à peine plus de huit minutes pour atteindre notre planète, alors que 149,6 millions de kilomètres les séparent ! Les hommes ont adopté cette distance comme unité astronomique : elle permet de comparer les distances entre les astres dans le système solaire.

LA RONDE DES SAISONS

La Terre fait le tour du Soleil en une année. Chaque jour, elle tourne sur elle-même, penchée comme une toupie. Son axe de rotation est incliné de 23,5 degrés et pointe toujours dans la même direction. Cette inclinaison est responsable de l'alternance des saisons. Ainsi, au fur et à mesure de son mouvement autour du Soleil, la Terre présente alternativement l'hémisphère nord puis l'hémisphère sud au Soleil. C'est l'été dans l'hémisphère incliné vers le Soleil : celui-ci est plus haut dans le ciel, ses rayons arrivent à la verticale. Les journées et la durée d'ensoleillement sont longues, il fait chaud ! C'est l'hiver dans l'autre hémisphère : le Soleil est plus bas dans le ciel, les rayons sont plus inclinés. Les nuits s'éternisent, on reçoit moins de chaleur, il fait froid !

Atmosphère, du Soleil à la Terre, ça rayonne !

Le Soleil et la Terre émettent tous les deux un rayonnement : c'est de la physique ! Ce rayonnement varie selon la température : plus un objet est chaud, plus il rayonne. À titre de comparaison, la température de la surface du Soleil atteint environ 5 000 °C, et celle de la Terre... 15 °C !

LUMIÈRE !

Le Soleil émet donc une quantité gigantesque de rayonnement tout autour de lui, composé de lumière blanche, d'ultraviolets et d'infrarouges. Ces rayons solaires se distinguent par leur longueur d'onde, à laquelle l'œil humain est sensible ou non : c'est le spectre solaire. La lumière blanche est visible par l'homme ; en revanche, les infrarouges et les ultraviolets sont invisibles à l'œil nu. Mais attention ils peuvent être dangereux si l'on n'est pas prudent : ce sont eux qui provoquent les fameux coups de soleil ou les insolations, par exemple.

SUPER ALBÉDO

Distante de 150 millions de kilomètres et bien plus petite que le Soleil, la Terre n'intercepte qu'une infime partie des radiations. Avant d'atteindre la surface terrestre, les rayons traversent l'atmosphère où l'ozone et la vapeur d'eau absorbent une grande partie des ultraviolets et du rayonnement infrarouge. Puis, certaines surfaces réfléchissantes comme les nuages ou la banquise renvoient vers l'espace une partie de la lumière blanche. Ce phénomène s'appelle "l'albédo". C'est la capacité d'une surface à renvoyer le rayonnement : la couleur blanche réfléchit les rayons, alors que le noir les absorbe.

UN VRAI RADIATEUR

La partie de la lumière qui atteint le sol est absorbée par la Terre et la chauffe. En se chauffant, la Terre émet à son tour du rayonnement infrarouge vers l'atmosphère et vers l'espace. Retour à l'envoyeur !

ÉQUILIBRISTES

Quand l'énergie solaire absorbée par la Terre est égale à celle renvoyée dans l'espace, on dit que la Terre est en équilibre radiatif. Il n'y a jamais de déséquilibre radiatif. Dès qu'il y a une perturbation, la Terre s'adapte d'elle-même pour retrouver un état d'équilibre, quitte à modifier au passage la température terrestre.

Sans effet de serre, aucune vie sur Terre ?

Contrairement à ce que l'on pourrait croire, si la Terre n'était chauffée que par le rayonnement du Soleil, elle serait très froide : il ferait en moyenne − 18 °C ! Mais grâce à l'effet de serre, notre planète atteint des températures propices au développement de la vie.

SOUS CLOCHE

Alors comment ça marche ? L'atmosphère contient naturellement des gaz à effet de serre en petite quantité. Le plus connu est le dioxyde de carbone (CO_2) mais il en existe d'autres, comme le méthane (CH_4), ou le protoxyde d'azote (N_2O), ou encore l'ozone (O_3). Ces gaz particuliers empêchent le rayonnement infrarouge émis par le sol de repartir vers l'espace et en renvoie une partie vers le sol.
On appelle ce phénomène naturel "l'effet de serre" car la chaleur est piégée dans l'atmosphère comme sous une cloche de verre, exactement comme dans les serres agricoles abritant les plantes.
L'effet de serre naturel évite donc à notre planète de ressembler à une boule de glace flottant dans l'espace !

Un système climatique qui a la

Comme la Terre est ronde et inclinée, les rayons du Soleil l'atteignent de façon inégale : au milieu du globe, à l'équateur, il fait toujours chaud, puis les températures diminuent progressivement à mesure que l'on se rapproche des pôles.

Ces écarts de températures entre les régions génèrent des échanges de grande ampleur dans les océans, dans l'atmosphère et entre eux pour équilibrer les différences.

Ce système en mouvement est à l'origine de la diversité des zones climatiques sur la planète !

bougeotte !

Quand les vents réchauffent les pôles

Le vent correspond à un mouvement naturel de l'air dans l'atmosphère. Chaque vent est caractérisé par sa vitesse et sa direction. Il emprunte de grands axes, sortes d'autoroutes atmosphériques jusqu'à 15 kilomètres d'altitude et même plus !

LE FABULEUX POUVOIR DU VENT

Les mouvements d'air, bien que parfois extrêmes comme les orages ou les cyclones, équilibrent la température entre le sol et l'altitude et entre les pôles et l'équateur. Le vent réchauffe les régions particulièrement froides, et climatise les régions trop chaudes. Sans les circulations de l'air, il ferait donc plus froid dans les régions polaires et beaucoup plus chaud dans les régions équatoriales.

DU VENT, DES NUAGES ET DE LA PLUIE

Un vrai brassage d'air se met en place au sein de la machine climatique. L'air circule des régions chaudes proches de l'équateur vers les pôles froids en formant une sorte d'engrenage de trois boucles. L'air plus chaud et plus léger monte dans l'atmosphère. Lors de cette ascension, l'air se refroidit puis se déplace le long des méridiens, formant des nuages et des précipitations. En perdant son humidité, l'air devient plus sec et redescend.

PAR ICI LA DÉVIATION !

Comme la Terre tourne sur elle-même, la direction des vents est modifiée par une force physique que l'on appelle "force de Coriolis". Ces déviations poussent l'air vers l'est ou vers l'ouest en suivant les parallèles. Au-dessus des océans, les vents alizés proches de l'équateur, soufflent sans interruption vers l'ouest. Les marins naviguent toujours avec ce vent fort et humide, ils savent qu'il ne s'arrête jamais et les empêche de changer de trajectoire. Dans la haute troposphère, le *jet stream* souffle vers l'est. Ce vent puissant dépasse quelquefois 300 kilomètres par heure ! Les pilotes d'avion surfent parfois sur ce courant d'air pour arriver plus vite à destination. Malin !

La circulation océanique, des courants froids et chauds

La circulation océanique emprunte deux routes différentes : une circulation de surface, horizontale et rapide, et une seconde, profonde et lente.

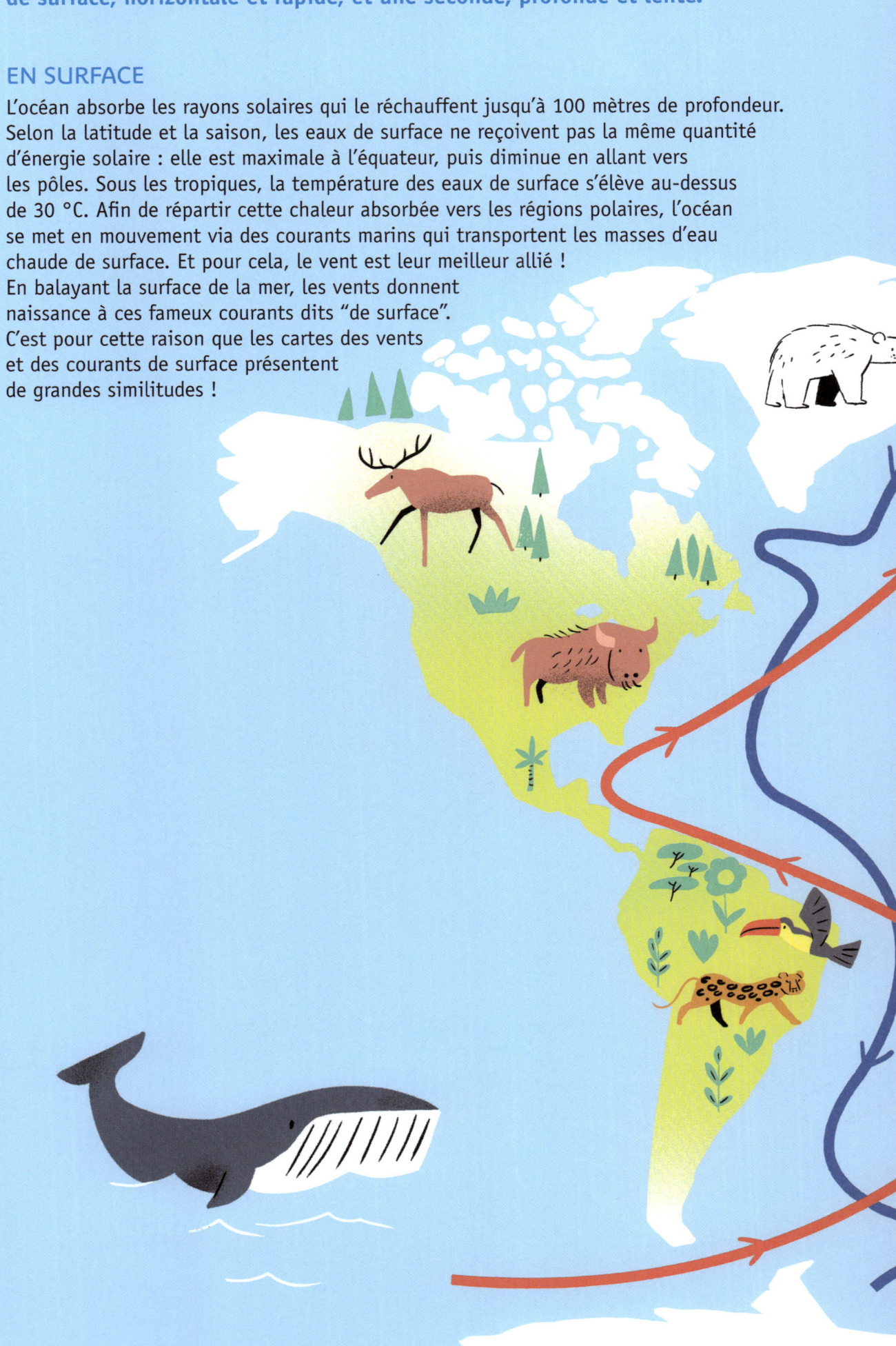

EN SURFACE

L'océan absorbe les rayons solaires qui le réchauffent jusqu'à 100 mètres de profondeur. Selon la latitude et la saison, les eaux de surface ne reçoivent pas la même quantité d'énergie solaire : elle est maximale à l'équateur, puis diminue en allant vers les pôles. Sous les tropiques, la température des eaux de surface s'élève au-dessus de 30 °C. Afin de répartir cette chaleur absorbée vers les régions polaires, l'océan se met en mouvement via des courants marins qui transportent les masses d'eau chaude de surface. Et pour cela, le vent est leur meilleur allié ! En balayant la surface de la mer, les vents donnent naissance à ces fameux courants dits "de surface". C'est pour cette raison que les cartes des vents et des courants de surface présentent de grandes similitudes !

SACRÉE PLONGÉE !

Quand l'eau de mer arrive dans l'Atlantique nord, elle se refroidit au contact de l'air jusqu'à atteindre − 1,9 °C. À cette température, l'eau de mer gèle et la banquise arctique se forme. Mais la glace, en se forgeant, expulse du sel. Sous la banquise, la salinité de l'eau de mer augmente et l'eau devient plus dense. Dès lors, la circulation océanique entame sa plongée vers les eaux profondes, car le poids des eaux de surface augmente. Elles s'enfoncent progressivement vers les abysses, puis s'écoulent lentement, se réchauffent doucement et, moins denses, finissent par remonter à la surface vers l'océan Indien et le Pacifique nord jusqu'à l'équateur. Ce tapis roulant, appelé "circulation thermohaline", forme le plus long courant du monde. Une goutte d'eau boucle un tour du monde en 1 000 ans. Il ne faut pas être pressé !

Le casse-tête de la classification des zones climatiques

Les scientifiques divisent le globe en cinq larges zones climatiques : deux zones polaires au climat froid, une zone intertropicale au climat chaud et deux zones tempérées au climat ni trop chaud ni trop froid.

COMME UN PUZZLE

Chaque zone regroupe des territoires aux facteurs climatiques communs, comme les températures, les précipitations, la durée de l'ensoleillement, le nombre d'orages ou encore la vitesse des vents, qui influent directement sur la végétation et la faune locales. Ces zones climatiques englobent parfois des régions de la planète éloignées géographiquement les unes des autres. Par exemple, la Californie aux États-Unis, la Côte d'Azur en France, les zones côtières de l'Afrique du Sud et de l'Australie, bien que situées sur quatre continents différents, bénéficient toutes du même climat méditerranéen. Ce climat de zone tempérée se caractérise par des étés particulièrement chauds et secs ainsi que des hivers doux.

AU RYTHME DES SAISONS

Les territoires de la zone tempérée se situent dans les moyennes latitudes, c'est le cas de la France, par exemple. Le climat change au rythme des saisons et n'est pas tout à fait le même au printemps, en été, en automne et en hiver. À l'échelle régionale, cinq types de climats se distinguent en France, comme le climat océanique, méditerranéen ou de montagne.

CAP SUR LES PÔLES

Dans les zones polaires, les températures restent glaciales toute l'année. Durant l'hiver antarctique, elles descendent jusqu'à – 70 °C et s'accompagnent de violentes rafales de vent qui atteignent les 190 kilomètres par heure ! En Antarctique, le climat est si extrême que la vie terrestre est pratiquement inexistante. Aucun humain n'y vit, mis à part les chercheurs des expéditions scientifiques. En Arctique, huit pays, comme le Canada, la Suède et la Finlande, possèdent des territoires qui s'étendent au nord du cercle polaire.

SOUS LES TROPIQUES

Les zones chaudes longent l'équateur. De part et d'autre des tropiques, les températures moyennes s'élèvent au-dessus de 25 °C. Une saison sèche alterne avec une saison humide aux précipitations abondantes. Ces zones chaudes englobent les climats équatoriaux, tropicaux et désertiques. En Afrique, le Sahara est la région la plus ensoleillée du globe : dans ce désert chaud, il n'est pas rare que la température dépasse 50 °C. En Mongolie, le désert de Gobi se caractérise par une forte amplitude thermique : – 30 °C en hiver et 40 °C en été. Les régions aux climats désertiques froids se situent souvent à plusieurs milliers de kilomètres à l'intérieur des terres.

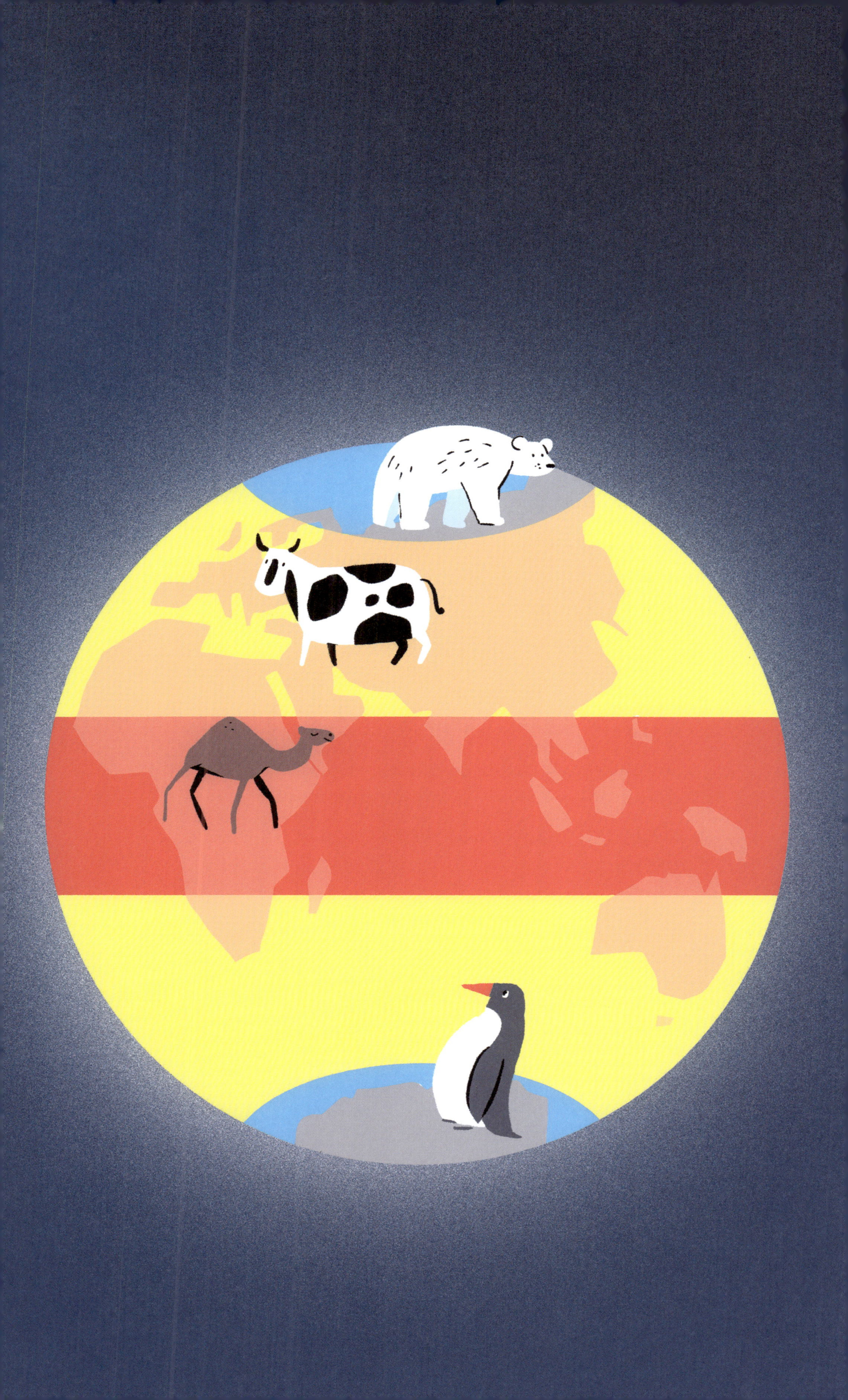

Les changements climatiques

Le climat ne cesse d'évoluer : depuis les dinosaures jusqu'à notre XXIe siècle, il n'a pas arrêté de varier !

Cette variabilité peut être liée à des processus internes au sein du système climatique ou à des facteurs externes d'origine naturelle, comme les éruptions volcaniques – ou les variations d'ensoleillement.

naturels

L'effet papillon, ou la variabilité interne

Depuis la création de la Terre, le climat a évolué naturellement en grande partie à cause de sa variabilité interne. Ces battements au cœur du système climatique proviennent des interactions entre l'atmosphère, l'hydrosphère et la biosphère, générant ainsi des fluctuations climatiques naturelles qui n'ont rien à voir avec l'homme et qui se régulent d'elles-mêmes.

LES COLÈRES DU CLIMAT

Il arrive parfois qu'un petit changement des conditions météorologiques initiales déclenche des phénomènes spectaculaires inhabituels au niveau du climat. Ce qui a fait dire en 1972 à un météorologue, Edward Lorenz, que "le battement d'ailes d'un papillon au Brésil peut provoquer une tornade au Texas". En réalité, cet "effet papillon", souvent lié aux caractères instables et fougueux de l'océan et de l'atmosphère, s'explique scientifiquement. Mais heureusement, les variations naturelles internes ne déclenchent pas toutes des tempêtes !

QUI EST EL NIÑO ?

Le phénomène climatique El Niño est un exemple de variabilité interne naturelle qui se produit de façon régulière depuis des milliers d'années.

Tous les deux à sept ans, dans le Pacifique sud, ce courant d'air chaud provoque un réchauffement des eaux de surface près des côtes de l'Amérique du Sud, ainsi qu'un climat anormalement sec en Australie et en Indonésie, et dans un même temps de fortes précipitations au Pérou. El Niño a aussi un impact sur la faune et la flore : les eaux chaudes étant beaucoup plus pauvres en nutriments que les remontées d'eaux froides, les poissons sont rares pendant ce phénomène climatique dans les eaux côtières d'Amérique du Sud.

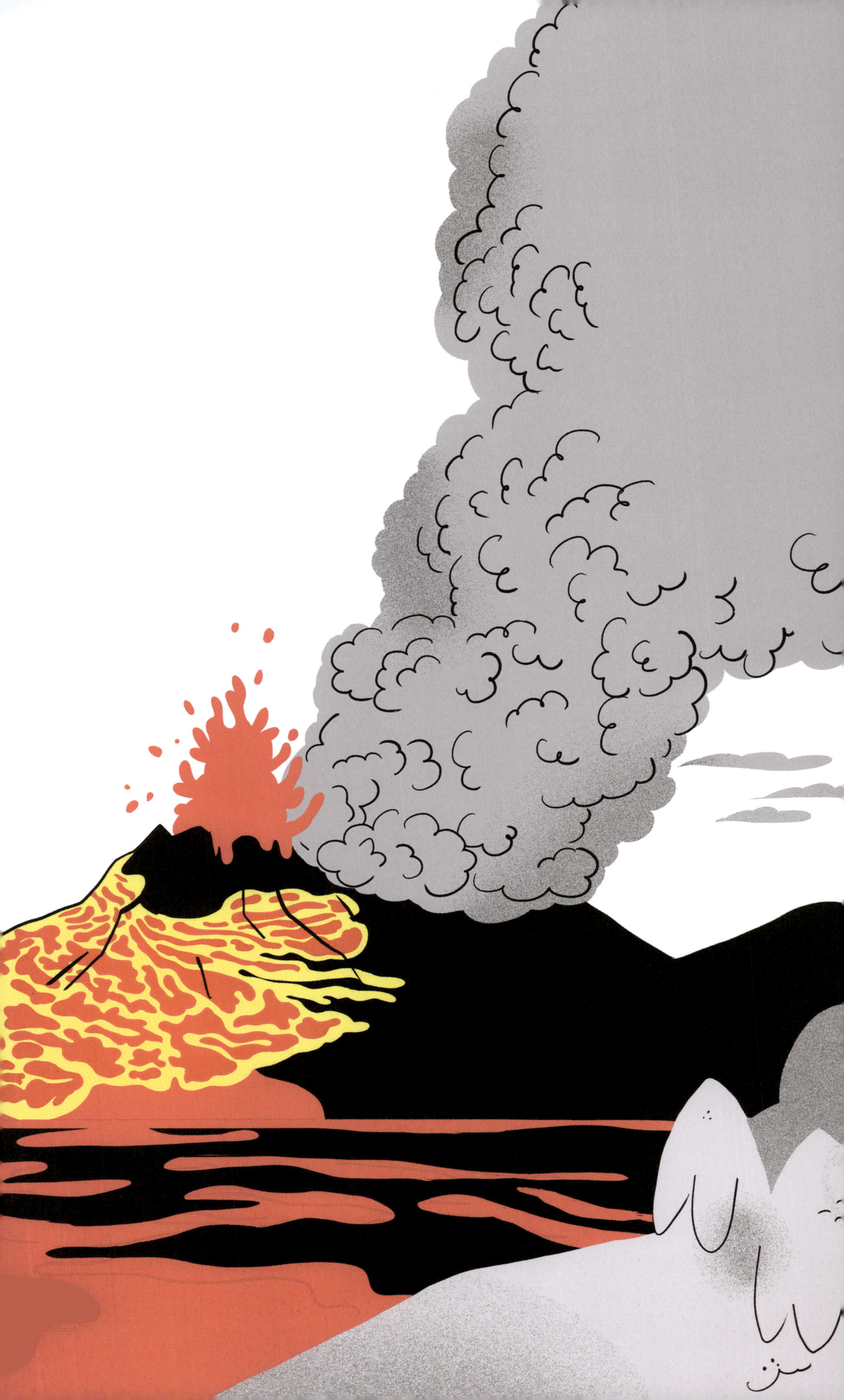

Des volcans au pouvoir refroidissant

Le volcanisme est responsable de nombreux épisodes de refroidissements climatiques extrêmes au cours de l'histoire de la Terre.

CHAUD ET FROID À LA FOIS

On ne le soupçonne pas forcément mais les grosses éruptions volcaniques expulsent d'importantes quantités de particules de gaz et de cendres pulvérisées dans l'atmosphère, et ce jusqu'à plusieurs dizaines de kilomètres d'altitude. Ces émissions transportées par le vent forment un nuage de cendres et d'aérosols à haute altitude et bloquent une partie du rayonnement solaire. Cet effet parasol refroidit l'atmosphère pendant parfois plusieurs années.

En 1991 par exemple, aux Philippines, l'éruption du mont Pinatubo a rejeté des millions de tonnes de gaz et de cendres dans l'air. Les deux années suivantes, la température de l'atmosphère a diminué de 0,6 °C.

UN VOLCAN ET LES TEMPS CHANGENT !

Deux éruptions volcaniques successives expliquent un des épisodes particulièrement froids de la fin du Petit Âge glaciaire. Les recherches scientifiques démontrent qu'une première grande éruption aurait eu lieu vers 1809, probablement sous les tropiques. Puis, en 1815, une gigantesque éruption du volcan Tambora s'est produite en Indonésie. Mais ces phénomènes géologiques n'ont pas empêché la Terre de retrouver sa température moyenne antérieure cinq années plus tard. L'équilibre, toujours !

L'influence des astres

Et si on allait faire un tour du côté de l'univers, vers le Soleil et les planètes : est-ce que les astres peuvent changer le climat terrestre ?

LE SOLEIL, FAUX RESPONSABLE

Le Soleil possède sa vie et son rythme propres, ce qui fait que le rayonnement solaire varie sensiblement dans le temps. Ces changements de l'activité du Soleil expliquent l'évolution climatique sur les longues périodes passées. Cependant, et contrairement à une idée reçue répandue, les variations du Soleil ne sont pas responsables de la hausse actuelle des températures et du réchauffement climatique des trente dernières années !

LES PLANÈTES, CES INFLUENCEUSES

L'orbite terrestre est la trajectoire elliptique, c'est-à-dire presque circulaire, que suit la Terre autour du Soleil. Elle n'est pas toujours parfaitement régulière car elle est soumise aux lois physiques de l'univers. L'attraction exercée par la Lune et les planètes proches perturbe périodiquement le trajet de notre planète autour du Soleil, par exemple. Ces paramètres orbitaux modifient la façon dont le Soleil chauffe la Terre depuis toujours, créant ainsi une succession de périodes froides et chaudes. C'est le cas par exemple au Quaternaire, avec l'alternance des âges glaciaires et interglaciaires, liée à une modification importante de l'orbite terrestre.

L'homme, récent perturbateur du

La planète brûle !
Pourtant, le Soleil ne chauffe pas plus, l'atmosphère ne s'use pas. Cette montée du thermomètre est principalement due aux humains…

Depuis 1750, notre espèce est désignée comme la grande responsable du réchauffement climatique. Il y a même un adjectif pour qualifier l'influence des activités humaines sur le climat : "anthropique". Oui, les hommes ont depuis toujours modifié leur environnement, mais les études révèlent une accélération sans précédent du dérèglement climatique, qui pourrait persister pendant des siècles, même des millénaires.

Et depuis 1988, l'organisation GIEC, Groupe d'experts intergouvernemental sur l'évolution du climat, synthétise les travaux du monde entier sur la question de l'influence de l'être humain sur le climat.

climat

Les gaz à effet de serre dans le collimateur de la planète

Les gaz émis par les activités humaines (le dioxyde de carbone en premier, mais aussi la vapeur d'eau, le méthane, le protoxyde d'azote ou l'ozone) amplifient également l'effet de serre et contribuent à augmenter la température sur Terre. Entre 2000 et 2010, les émissions de gaz à effet de serre ont été les plus importantes jamais connues. Sachant qu'ils perdurent une centaine d'années dans l'atmosphère... cela explique une grande partie du réchauffement climatique récent.

TROP DE CO_2

Le dioxyde de carbone est un gaz à effet de serre naturellement présent sur notre planète. Mais à cause des activités humaines, et surtout depuis la Révolution industrielle au XIXe siècle, les émissions de CO_2 explosent.

Actuellement, le transport et l'industrialisation sont les deux secteurs les plus émetteurs de gaz à effet de serre. Mais ce n'est pas tout : depuis le XXe siècle, la population sur Terre se multiplie et les besoins en nourriture ainsi qu'en énergie augmentent. L'industrie agroalimentaire entre dans la course au dérèglement climatique... Il faut non seulement de l'eau pour abreuver les animaux, mais aussi produire du soja et des céréales à grande échelle pour les nourrir. Des milliards d'animaux sont élevés pour leur viande, leur lait et leurs œufs, et l'accroissement de la consommation de viande a conduit à un système de fermes industrielles particulièrement polluantes en CO_2.

LES GAZ DES VACHES

Ces élevages intensifs sont aussi à l'origine d'émissions de gaz à effet de serre plus inattendus. Par exemple, la digestion des vaches produit, par fermentation, un gaz à effet de serre : le méthane. Cela signifie que les vaches pètent et rotent du méthane !

Ça pourrait être juste une anecdote rigolote, si chacune des 1,5 milliard de vaches qui partagent notre planète ne produisait quotidiennement entre 250 et 500 litres de méthane qui sont rejetés directement dans l'atmosphère...

SAUVONS LA FORÊT...

L'agriculture intensive, souvent liée aux élevages industriels, est également une grande émettrice de dioxyde de carbone (CO_2). Et c'est le serpent qui se mord la queue : afin de libérer de l'espace pour cultiver des champs, mais aussi construire de nouvelles routes et agrandir les villes, les hommes coupent les arbres et brûlent les forêts. Cette déforestation libère du dioxyde de carbone. Les arbres, qui, par photosynthèse, absorbaient le CO_2 pour le transformer en oxygène, ne sont hélas plus là pour remplir ce rôle. Le taux de CO_2 augmente donc inexorablement dans l'air.

... ET LES CORAUX !

Et ça ne s'arrête pas là ! Le surplus de CO_2 se dissout dans les océans. L'eau devient plus acide, et les coraux rencontrent des difficultés à fabriquer leur squelette calcaire, ou les coquillages leur coquille. Cette acidification perturbe la vie sous-marine. Les coraux blanchissent et dépérissent sous l'effet d'une mer plus chaude et plus acide. En Asie, jusqu'à 90 % des coraux souffriront bientôt, d'ici à 2050 d'après les estimations, d'une grave dégradation. Actuellement, le CO_2 présent dans l'océan cause son acidification à un rythme cent fois plus élevé qu'à toute autre époque.

ET LE CARBONE ALORS ?

Le cycle du carbone, jusqu'alors régulé depuis des millions d'années, est déstabilisé par les extractions massives de pétrole et de charbon, qui rejettent plus de carbone dans l'atmosphère qu'auparavant, brisant l'équilibre du cycle.

LES ÉMISSIONS DE CO_2 À LA LOUPE

La mission MicroCarb prévoit le lancement d'un microsatellite européen en 2021. Il est équipé d'un instrument capable de mesurer la concentration atmosphérique en CO_2. Les scientifiques découvriront quels sont les principaux puits de carbone de la planète, combien de tonnes de CO_2 sont émises par les villes, la végétation et les océans. Ces mesures contribueront à contrôler les émissions anthropiques. À suivre !

Les aérosols, itinéraire de petites particules

Les aérosols désignent de fines particules liquides ou solides en suspension dans l'air. Surtout d'origine naturelle, ils proviennent des pollens, des vents de sable, des sels marins ou des cendres. L'émission de fines particules liées à l'activité humaine émane plutôt de fumées industrielles, de gaz d'échappement des moteurs ou encore de feux agricoles.

DES PARTICULES DANS LE VENT

Les particules sont transportées par le vent. Selon leur taille qui ne dépasse guère l'épaisseur d'un cheveu, elles restent quelques heures ou une dizaine de jours dans l'air. Emportées par la pluie, ou parce qu'elles sont devenues trop lourdes, elles finissent par retomber au sol.

CHAUD OU FROID ?

Dans l'atmosphère, ces aérosols interagissent avec les rayons solaires. Certaines particules en absorbent une partie, réchauffant localement l'atmosphère. Au contraire, d'autres particules en suspension renvoient une partie de l'énergie solaire vers l'espace. Cet effet parasol, comme pour les volcans, contribue au refroidissement de la Terre. Les particules des aérosols servent aussi de noyaux de condensation lors de la formation d'un nuage : elles condensent la vapeur d'eau en gouttelettes. Les nuages jouent donc un double jeu climatique : ils refroidissent la planète par leur effet parasol et la réchauffent par leur effet de serre.

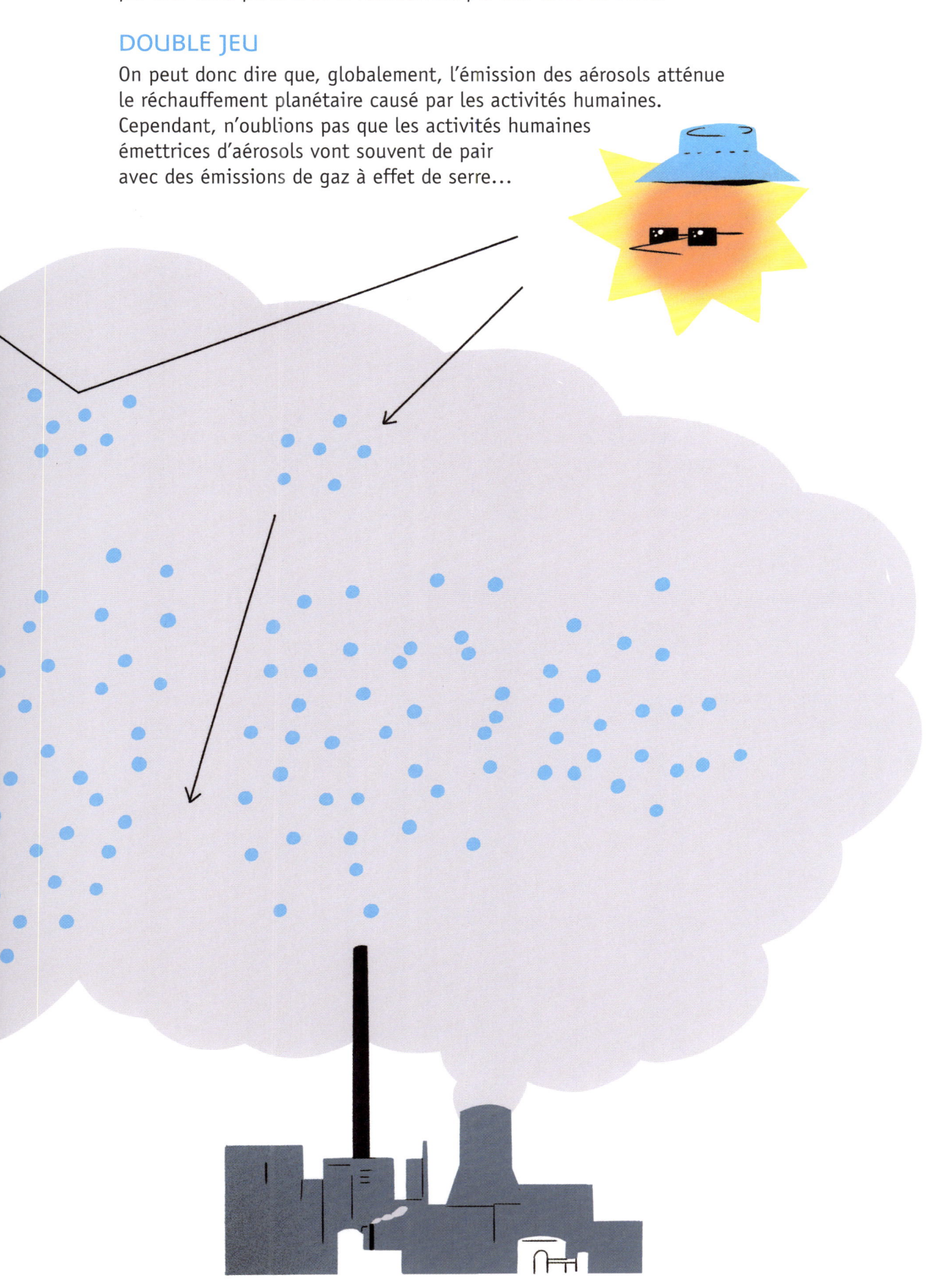

DOUBLE JEU

On peut donc dire que, globalement, l'émission des aérosols atténue le réchauffement planétaire causé par les activités humaines. Cependant, n'oublions pas que les activités humaines émettrices d'aérosols vont souvent de pair avec des émissions de gaz à effet de serre...

La couche d'ozone en voie de guérison ?

Dans l'atmosphère, et plus particulièrement dans la stratosphère, la couche d'ozone agit comme un filtre et bloque la plupart des rayons ultraviolets avant qu'ils n'atteignent la planète. Cette couche nous protège des rayons qui ont des effets néfastes sur la santé humaine et sur les végétaux. Il faut en prendre soin !

UNE COURSE CONTRE LA MONTRE

Depuis les années 1980, les scientifiques observent un amincissement, parfois presque total, de la couche d'ozone au-dessus des deux pôles pendant la fin de l'hiver et le printemps. La destruction est maximale quand tout l'ozone dans la stratosphère au-dessus de l'Antarctique a disparu. La formation de ce trou dans la couche d'ozone polaire est principalement causée par la présence dans l'air de produits chimiques utilisés notamment dans la fabrication des climatiseurs et des réfrigérateurs. Ceux-ci émettent du chlore et du brome, qui s'élèvent jusque dans la stratosphère. Des réactions chimiques complexes, liées à la succession des températures hivernales polaires et des rayonnements solaires du printemps, se produisent et "trouent" la couche d'ozone.

ATTENTION, DANGER !

Les êtres humains, les plantes et les animaux sont alors exposés à d'importantes et dangereuses quantités de rayons ultraviolets à la surface de la Terre. Ils peuvent provoquer des cancers de la peau, des lésions aux yeux chez l'être humain ou encore ralentir la photosynthèse et donc la croissance des végétaux chlorophylliens.

UN PEU D'ESPOIR

Les gouvernements mondiaux réagissent rapidement, et concluent dès 1987 un accord à Montréal. Les 24 pays signataires s'engagent à éliminer progressivement les émissions de ces gaz destructeurs d'ozone comme les CFC. Mais ces gaz ont une durée de vie longue dans l'atmosphère, il faudra attendre au minimum 100 ans avant qu'ils ne disparaissent totalement ! Depuis les années 2000, la couche d'ozone se rétablit lentement et regagne une infime partie de son épaisseur par décennie. Un peu d'espoir !

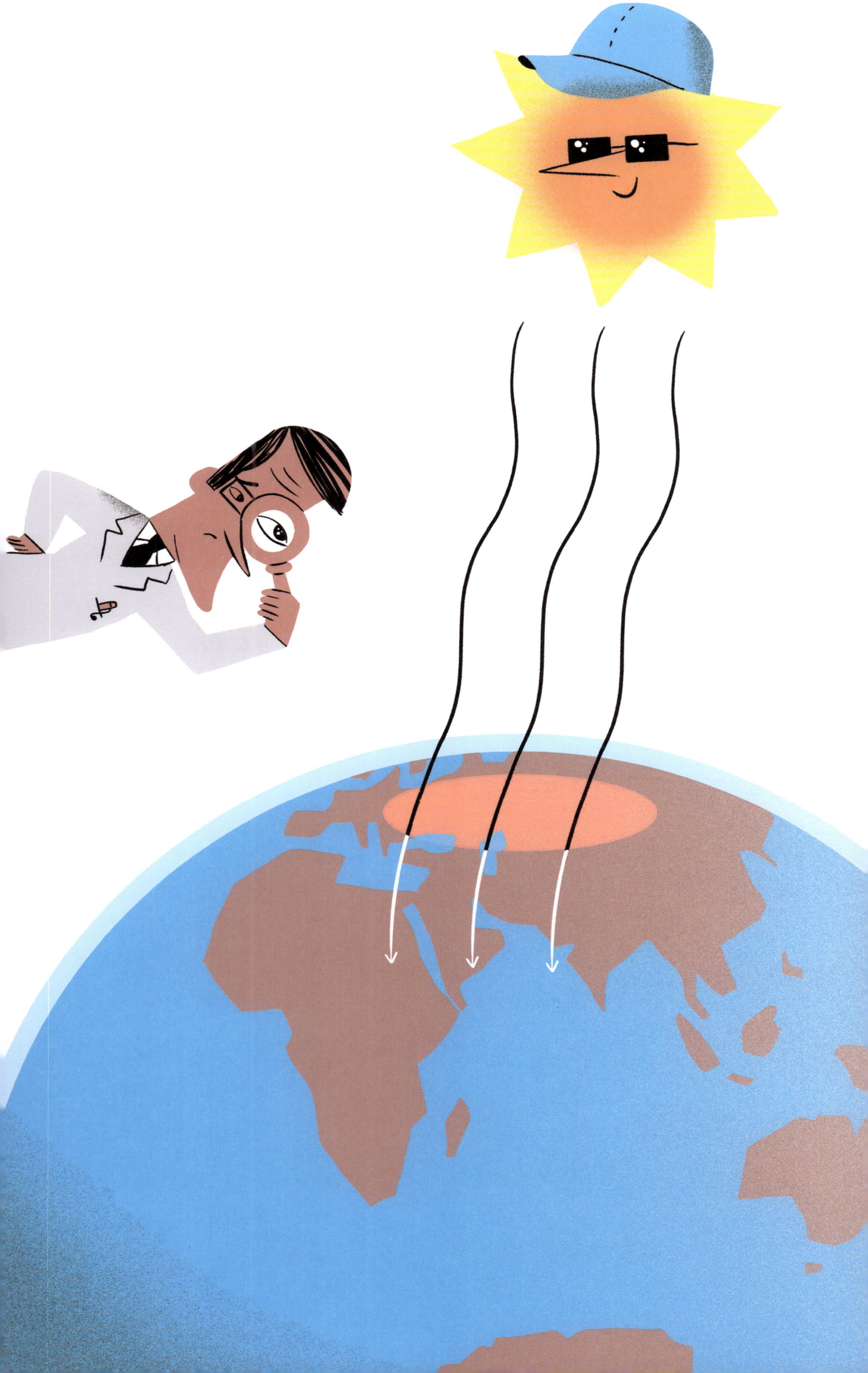

Les sols, une vie cachée à protéger

Les sols se cachent sous les forêts et les champs, sous les trottoirs et les routes, sous les immeubles des villes. Une vie animale et végétale grouille sous nos pieds ! Un quart des espèces vivant sur la planète trouve refuge dans les sols.

AU FEU !

Aujourd'hui, plus des deux tiers des terres émergées sont sous l'emprise d'activités humaines. Leur exploitation se traduit par la transformation de terres naturelles en terres agricoles. Au Brésil, les hommes brûlent les forêts dans le but d'agrandir les zones de pâturage pour le bœuf. Presque un quart de la superficie de la forêt amazonienne est aujourd'hui déforesté. Pourtant, cette forêt tropicale, surnommée "le poumon vert de la planète", produit environ 10 % de l'oxygène que nous respirons et abrite 10 % des espèces sauvages sur et dans les sols.

SOUS LA ROUTE, LE SOL ÉTOUFFE

Le développement des villes constitue une menace pour les sols et donc pour ses habitants. Lors des travaux de construction de routes ou de bâtiments, la terre est recouverte par du béton ou de l'asphalte. Cette couche imperméable entre le sous-sol et l'air empêche l'eau de pluie de s'infiltrer. Le sol étouffe. L'eau détournée ruisselle et cause inondation et érosion.

DÉMÉNAGEMENT FORCÉ

L'habitat naturel des animaux se voit souvent détruit par des phénomènes climatiques comme les inondations ou les feux de forêt, mais aussi par les constructions des villes. De plus, le réchauffement des températures contraint les espèces végétales et animales à se déplacer vers le nord, vers les sommets des montagnes ou dans les profondeurs de l'océan, là où les températures sont plus fraîches. Leur survie dépend d'une adaptation rapide. Si un insecte se déplace facilement vers un nouvel habitat, ce n'est pas le cas d'un arbre. Les espèces qui ne peuvent se déplacer, ni changer de comportement ou tolérer des variations de température sont amenées à disparaître. Aujourd'hui, le rythme des extinctions des espèces est jusqu'à 1 000 fois plus rapide que par le passé.

L'EAU DOUCE BIENTÔT ÉPUISÉE ?

Concernant l'eau potable, les ressources en eaux profondes s'épuisent depuis 1970. Dès 2025, la quantité d'eau douce disponible risque d'être insuffisante pour un tiers de la population mondiale… Un scénario catastrophique qu'il faut éviter à tout prix.

ET MAINTENANT, QU'EST-CE QU'ON FAIT ?

À grande échelle, protéger les sols et l'eau douce n'est plus une alternative : il faut réduire la déforestation, diversifier les cultures, optimiser l'usage de l'eau et restaurer les écosystèmes.

Il est temps d'agir !

Ce n'est plus une surprise, la plupart des études scientifiques menées depuis quelques années confirment que l'activité humaine est la principale cause du changement climatique actuel.
S'appuyant sur leurs modèles climatiques, les climatologues simulent plusieurs scénarios futurs : que se passe-t-il "si on ne change rien", "si on continue à augmenter encore", "si on limite les émissions de gaz à effet de serre" ?
Le changement climatique ne concerne pas le monde d'après, c'est maintenant et ici. Alors agissons, ne serait-ce qu'à notre échelle individuelle !
Mais comment ?

RÉFLÉCHIR... POUR MIEUX AGIR

Calculer son empreinte carbone permet de mesurer l'impact de ses activités sur le climat. Ce calcul mesure la consommation de CO_2 par personne, pays, famille ou même par classe. L'empreinte carbone aide à comprendre l'impact de chacun d'entre nous sur la planète, et de le réduire en conséquence, selon ses moyens.
À titre individuel, les mesures les plus simples et les plus abordables concernent l'alimentation, les moyens de transport, l'habitat et la consommation.

NOUS SOMMES

Commençons par exemple à être responsables jusque dans notre assiette ! Il faut se poser la question de nos véritables besoins et peut-être consommer un peu moins de produits animaux comme la viande et davantage de fruits et légumes, ou de céréales et de légumineuses. C'est encore mieux de ne pas gaspiller et de privilégier des aliments biologiques et de saison, à la maison comme à la cantine. Pas de tomates en hiver !
Et puis, on peut s'interroger : est-il vraiment nécessaire d'acheter un produit fabriqué au bout du monde quand il existe le même *"made in France"* ? Acheter en conscience, selon ses convictions et ses valeurs, est plus qu'important : se renseigner sur la chaîne de production et le transport d'un objet avant de l'acheter est donc un premier pas !
Et tant qu'à faire, questionnons aussi nos modes de transport : prendre le vélo plutôt que la voiture pour ce court trajet, privilégier le train plutôt que l'avion quand c'est possible…
L'important est d'agir en harmonie avec ses idées… et avec la planète !

ENSEMBLE, ON EST PLUS FORTS

Chacun d'entre nous est un petit maillon de l'extraordinaire machine climatique !
Tous les petits pas et les gestes du quotidien peuvent donc diminuer notre empreinte sur le climat.
Des solutions simples comme des engagements citoyens et associatifs existent pour lutter contre le réchauffement climatique. Et il n'y a pas de petites actions !
Si tu es en manque d'idées, tourne la page…

LA NATURE

Quelques idées pour réfléchir et agir

Voici des idées d'initiatives concrètes et des références pour se renseigner encore, pour s'investir dans ce combat et pour, pourquoi pas, inverser la tendance du dérèglement climatique.

L'empreinte carbone

Les sites internet de **WWF** ou de l'**Ademe** proposent des simulateurs d'empreinte carbone individuelle.
www.wwf.ch/fr/vie-durable/calculateur-d-empreinte-ecologique
https://ecolab.ademe.fr/impactcarbone

Une association

Youth for Climate
Youth for Climate France est un mouvement de jeunes lycéens et étudiants qui se mobilisent pour la justice climatique et sociale, la protection de l'environnement et de la biodiversité.

Une application

Climat^{HD}
Climat^{HD} s'adresse à ceux qui souhaitent en savoir plus sur le réchauffement climatique en France. Cette application de Météo-France nous invite à découvrir comment le climat de la France et des régions a évolué depuis 1900 et quelles sont les perspectives pour la fin du siècle.

Un compte Twitter

Valérie Masson-Delmotte
Immense paléoclimatologue française, la scientifique Valérie Masson-Delmotte est une des voix qui comptent dans la lutte contre le réchauffement climatique.

Un média

Le Blob
Surnommé "l'extra-média", *Le Blob* est un magazine vidéo augmenté en ligne. Avis aux amateurs d'informations scientifiques, il propose une nouvelle vidéo chaque jour et des enquêtes mensuelles sur les grands enjeux du quotidien.
www.leblob.fr

Un navire

Fondation Tara Océan
Quai d'Orsay au niveau du pont Alexandre-III, 75007 Paris.

Un institut de recherche dédié à l'océan

Ifremer
En France, l'Ifremer coordonne les campagnes scientifiques en mer sur le climat.
www.ifremer.fr

Un musée
La Cité des sciences et de l'industrie
Des expositions, une Cité des enfants et des ressources en ligne. N'hésite pas à jeter un œil au Planétarium pour te familiariser avec l'univers et les planètes !
30, avenue Corentin-Cariou, 75019 Paris.
www.cite-sciences.fr

Un muséum
Le Muséum national d'histoire naturelle
Le Muséum se consacre à la nature et à ses relations avec les espèces humaines.
Il publie des dossiers sur la manière dont le changement climatique affecte la biodiversité de la planète et comment les chercheurs du Muséum tentent de comprendre ce phénomène.
www.mnhn.fr

Un site internet consacré au climat
Le climat en questions
Construit sous forme de questions sur le climat, ce site propose des réponses de scientifiques classées par niveau de difficulté. De l'observation à l'évolution du climat, toutes les thématiques sont traitées. Un quiz amusant permet de tester ses connaissances.
www.climat-en-questions.fr

Un site internet sur la météo et sur le climat
Météo-France
Le site du service national de météorologie. Il propose, en partenariat avec le ministère de l'Éducation nationale, des contenus pédagogiques ainsi que des activités adaptées au niveau scolaire.
www.education.meteofrance.tv

Un ministère
Le GIEC et le ministère de la Transition écologique
Le site internet du ministère de la Transition écologique détaille les missions et le fonctionnement du GIEC et publie ses rapports.
www.ecologie.gouv.fr/comprendre-giec

Une chaîne documentaire
Docuclimat, comprendre pour mieux agir !
Des documentaires en streaming, articles et ressources sur l'écologie et le réchauffement climatique.
https://docuclimat.wordpress.com

Une chaîne YouTube
DataGueule
Cette websérie diffusée sur Youtube propose des vidéos d'animation sur l'actualité.

Un documentaire
Deux degrés avant la fin du monde
Ce documentaire sur la question climatique explique l'objectif des deux degrés en deçà duquel il faut tenter de maintenir le réchauffement de la planète pour éviter le pire, ainsi que les enjeux de la COP 21.

Éditrice : Isabelle Péhourticq
Éditrice extérieure : Chloé Guidoux
Directeur de création : Kamy Pakdel
Directeur artistique : Guillaume Berga
© Actes Sud, 2021 – ISBN 978-2-330-15058-7
Loi 49-956 du 16 juillet 1949 sur les publications destinées à la jeunesse
Reproduit et achevé d'imprimer en avril 2021 par l'imprimerie Sepec - 08374210111
pour le compte des éditions ACTES SUD, Le Méjan, Place Nina-Berberova, 13200 Arles
Dépôt légal 1re édition : mai 2021 – Imprimé en France

IMPRIM'VERT®

PEFC 10-31-1470 / **Certifié PEFC** / Ce produit est issu de forêts gérées durablement et de sources contrôlées. / pefc-france.org